AF457433

ESSAIS AGRICOLES

SUR

DÉFRICHEMENTS DE LANDES

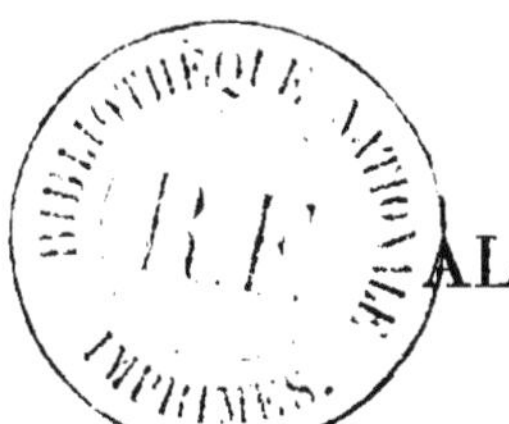

PAR

ALEXANDRE VÈNE

PROPRIÉTAIRE-AGRICULTEUR

MEMBRE DE LA SOCIÉTÉ D'AGRICULTURE DE LA GIRONDE, DE LA SOCIÉTÉ D'APICULTURE, ETC.

N° 2

Août 1875

BORDEAUX

IMPRIMERIE RAGOT, RUE DE LA BOURSE

11-13

AVANT-PROPOS

J'attendais de pouvoir faire connaître les résultats des vingt nouvelles expériences que j'ai faites cette année sur mes défrichements de landes, pour remercier les personnes généreuses qui, l'an dernier, à la publication de mes premiers essais, ont daigné me gratifier de bons conseils et de marques non équivoques d'estime et d'encouragement.

A toutes, j'offre ici l'expression de ma vive reconnaissance et je les prie de continuer à m'honorer de leurs lumières. Avec leur aide, j'ai la conviction que la continuation de mes modestes travaux sera utile au progrès agricole dans les landes de la Gironde.

Alexandre VÈNE.

I.

En rendant compte de nos travaux agricoles, l'an dernier, nous avons dit que la formation de colonies agricoles dans nos landes de la Gascogne, composées des travailleurs inoccupés qui souffrent de misère dans nos grandes villes ou qui émigrent en pays étrangers, doublerait la richesse territoriale de notre département et donnerait à l'État, en très peu de temps, une quantité d'hommes sains, robustes, qui lui seraient bien autrement utiles que la jeunesse efféminée de nos grands centres de populations.

Cette pensée semble vouloir faire du chemin : l'hiver dernier on a défriché beaucoup, et nous savons que l'on se propose de défricher encore plus cette année.

Nous sommes heureux de constater les effets d'une propagande aussi utile que morale, à laquelle nous nous sommes dévoué depuis bien des années.

Aujourd'hui, nous venons faire connaître les résultats de nos nouvelles expériences, donner une preuve de plus en faveur de la mise en culture de la terre des landes. Mais, auparavant, que l'on nous permette et que l'on nous pardonne quelques réflexions que nous inspirent les difficultés agricoles du moment et le désir de voir notre chère France riche et prospère.

De toute part on se plaint, avec raison, du mauvais esprit des travailleurs et on ne fait rien, ou à peu près rien, pour détruire les influences malsaines et ramener les populations à des idées meilleures ; on semble oublier que les terribles secousses sociales que nous traversons ne sont pas nouvelles, que cette fièvre de perversité qui rend la culture des terres si difficile a déjà sévi à diverses époques, et que c'est au talent, au dévouement, au patriotisme de quelques hommes d'élite, soucieux de l'avenir de leur pays, payant de leur personne, donnant l'exemple, entraînant les hautes classes des sociétés dont ils faisaient partie, qu'on doit l'atténuation de ce mal corrupteur dont nous voulons parler.

L'histoire de l'agriculture nous rappelle cependant ces temps malheureux et nous désigne ces hommes courageux, rois ou simples citoyens, qui régénèrent leur patrie par l'agriculture. Dans l'antiquité, ce sont Caton, Cincinnatus, Pline, Varron, plaidant contre l'abandon du travail de la terre et cultivant eux-mêmes, de leurs propres mains, de grands champs, afin d'engager le peuple à les imiter. Sous le règne d'Auguste, après les tourmentes révolutionnaires qui le portèrent sur le trône, c'est Virgile qui honora l'agriculture et y ramena par ses sublimes *Géorgiques*. Au moyen-âge, après de longues guerres, nous voyons Charlemagne donner l'exemple en dirigeant et en tenant lui-même ses métairies royales comme avaient pu l'être celles de Caton et de Columelle.

Plus tard, c'est Henri IV, voulant « que chaque

paysan pût avoir le dimanche une poule au pot », distribuant un épi d'or, avec droit d'hérédité pour l'aîné de la famille, aux agriculteurs les plus zélés, et nommant Olivier de Serres, ce grand maître des maîtres en l'art agricole, le premier sujet de son royaume. Après les règnes, désastreux pour l'agriculture, de Louis XIV et de Louis XV, c'est l'abbé Rozier, par son bon dictionnaire agricole et ses écrits, affirmant ce que nous disons tous : « Nos campagnes sont dépeuplées ; « la quantité de paysans qui se jette dans les villes « pour augmenter la classe des ouvriers et des laquais « est effrayante ; le travailleur de terre est une race « perdue ; ayant une fois bu dans la coupe empoisonnée des grandes villes, il oublie le lieu qui le vit « naître. »

Enfin, après la néfaste révolution de 1793, dont nos pères se souviennent avec effroi, et les guerres du premier empire qui en furent les conséquences, c'est aux travaux des Dombasle, des de Gasparin, et de tant d'autres agronomes distingués, qui furent les Caton, les Columelle et les Virgile de leur époque, que la France doit l'ère de prospérité sans égale de 1815 à 1848 : à aucune époque la vie ne fut aussi agréable et aussi bon marché.

Depuis, hélas ! un système politique malheureux, ayant pour base la démocratie, le luxe et les plaisirs, ces vers rongeurs de toute société et qui nous tueront si nous n'y prenons garde, a détourné les capitaux et les bras de la culture de la terre. Il serait temps, ce nous semble, de réagir contre ces idées anti-sociales qui prennent chaque jour de nouvelles proportions; d'imiter les grands patriotes que nous venons de citer, de ramener à la charrue en mettant en culture le plus de terre possible. Plus que jamais l'encombrement des gens inoccupés est grand dans les villes ; la plupart de ces malheureux sont des travailleurs de terre égarés, trompés, qui ne demanderaient pas mieux que de revenir aux champs, à une vie tranquille, saine, honorable, qu'ils regrettent.

Par le défrichement et la mise en culture de nos landes, le capital peut devenir moralisateur en augmentant la richesse agricole de notre beau département, et procurer la vie, le bien-être et une réserve pour les vieux jours à tous les travailleurs de terre, avec un juste intérêt pour lui-même : le manque d'argent est la seule cause de la stérilité de nos terres des landes, et nos anciens avaient raison lorsqu'ils disaient :

Moins d'un écu produit un pain ;
A côté d'un pain il nait un homme :
Faute d'un écu, ni pain, ni homme !

Encore une utopie ! vont s'écrier bon nombre de nos collègues en agriculture : la nature des terres de la lande ne permet d'autre culture que celle du bois de pin, diront-ils.

C'est une erreur des plus grandes qui a été démontrée plusieurs fois, que nous prouvons chaque jour, et dont tous les incrédules peuvent se convaincre.

Mais pour que la culture de la lande soit productive il faut se faire agriculteur : à nos yeux, l'agriculture est une industrie, la plus noble, la mère de toutes les industries, et il serait téméraire, ruineux, de s'occuper d'elle en la considérant autrement. Partant de ce principe vrai, incontestable, demandons-nous ce qu'il faut à un industriel pour être certain de la réussite de ses entreprises ? — Des connaissances théoriques et pratiques suffisantes de son industrie; des capitaux proportionnés à l'importance de ses travaux, de l'activité et de l'assiduité au travail, et l'intelligence de savoir produire de manière à avoir une vente facile de ses produits. Voilà la clé de notre manière d'opérer.

Malheureusement c'est par le manque de ces principes primordiaux que la plupart des possesseurs de propriétés rurales se dégoûtent de la culture de la terre ; généralement on croit que l'art agricole est un repos, que la terre doit produire naturellement les denrées alimentaires pour les hommes et celles destinées aux animaux qui fournissent le lait, le beurre, le fromage et la viande ; on achète une propriété avec la pensée qu'une fois le prix versé entre les mains du notaire l'on n'aura plus d'autre argent à débourser, et chaque fois que l'homme d'affaires demande des fonds on se récrie et l'on en donne le moins possible. Qui niera que c'est à une parcimonie regrettable que les rendements généraux de l'agriculture française sont au-dessous de ce qu'ils pourraient être ; qui pourra soutenir avec raison que l'indolence, l'égoïsme et la routine ne sont point les causes auxiliaires les plus préjudiciables au développement rémunérateur de l'agriculture en France ? Personne ! c'est un fait acquis depuis trop longtemps et les propriétaires de terres ne peuvent s'en prendre qu'à eux-mêmes s'ils n'ont pas des profits rationnels.

Pour défricher des landes avec avantage il faut connaître l'agriculture, avoir des fonds de roulement proportionnés à l'étendue des terres défrichées, et savoir sagement les dépenser largement d'une main pour les recevoir de l'autre avec bénéfice.

Or, qu'a-t-on fait jusqu'à présent pour obtenir bénéfice des terres de landes ? Rien : on a semé de la graine de pin maritime à profusion, à tort et à travers, sans se rendre compte de ce qui résulterait de ces exagérations, et il y a aujourd'hui tellement de forêts de pin que la résine est tombée à un prix qui ne paie pas les frais de cueillette; on va être forcé de mettre ces forêts en coupes réglées et comme les moyens de transport sont des plus onéreux faute de chemins praticables, les propriétaires ne retireront presque rien de ces bois, après avoir couru des chances de pertes complètes par les incendies malheureusement trop fréquents dans cette partie de notre territoire.

Si, au lieu d'agir comme nous venons de le dire, on avait procédé avec prévoyance, on aurait divisé les semis de pin par carrés plus ou moins grands, intercalés de quantités de terres labourables ou de prairies, gardes-feu naturels, et les propriétaires auraient aujourd'hui des bénéfices annuels qu'ils n'ont pas; ils auraient rendu service au pays et leurs propriétés auraient une valeur triple, quadruple de celle qu'elles ont.

Ce qui n'a pas été fait peut encore se faire, soit par

les propres deniers de chaque possesseur de pignadas, soit à l'aide de compagnies agricoles de défrichement de landes.

Nous espérons que nos modestes travaux continueront à être suivis, imités, et que nos réponses aux renseignements qui nous sont demandés de plusieurs points des landes seront utilisées.

Pour les expériences que nous allons décrire, pour tout ce que nous avançons, nous nous mettons à la disposition de ceux qui voudraient voir pour justifier nos affirmations, et nous recevrons toujours avec plaisir, avec reconnaissance, les conseils, les communications, de quelle part qu'ils viennent.

II

L'année agricole de 1874-1875 a commencé pour les seigles sous des auspices les plus beaux; les emblavures d'octobre et de novembre se sont faites dans les meilleures conditions possibles ; mais le manque de froid, la sècheresse de l'hiver, les pluies du mois de mars et celles survenues au moment de la maturité ont diminué les rendements de grains et surtout de la paille : il y a, dans notre contrée, un sixième de grains en moins et moitié moins de paille que l'année dernière; néanmoins, cette année agricole peut être classée parmi les bonnes moyennes, et la qualité des grains, du moins chez nous, offre une compensation ; son poids est supérieur d'un kilog. et demi à deux kilog. par hectolitre à celui de l'an dernier; si les améliorations culturales que nous prêchons pouvaient entrer dans l'esprit de nos paysans, avant très peu de temps nos terres landaises seraient d'une fécondité double.

Landais, croyez-nous : défrichez le plus de terres possible, confectionnez mieux vos fumiers ; faites ce que nous faisons nous-mêmes et vous obtiendrez des rendements bien supérieurs à ceux que vous avez ; cessez d'épuiser vos terres en semant du seigle toujours aux mêmes endroits ; alternez par des cultures améliorantes; faites des fumures en vert; labourez profondément; mélangez à vos fumiers des phosphates ou des superphosphates de chaux et des guano du Pérou, dissous ou non, et vous aurez, dans peu d'années, une production presque double, avec les mêmes frais, avec le même travail : les expériences que nous faisons sous vos yeux vous prouvent que là est le secret de nos récoltes abondantes et rémunératrices.

En répétant ces vérités, parviendrons-nous à convaincre les incrédules, la routine de ceux-là même qui par position de fortune devraient donner l'exemple ? Nos rendements avantageux et ceux des cultivateurs qui ont suivi nos conseils, nous le font espérer ; nous ne cachons rien de notre système de culture et c'est avec empressement, que nous donnons toutes les indications nécessaires pour atteindre ce but. Ceux qui ne veulent pas suivre ne pourront s'en prendre qu'à leur entêtement, à leur paresse, à leur indolence, s'ils restent dans la misère.

PREMIÈRE EXPÉRIENCE

Champ n° 1. — Contenance : 27 ares.

Cultures antérieures : janvier 1872, défrichement ; — avril 1872, pommes de terre sans fumure, n'ayant presque rien rendu ; — mai 1873, sarrazin avec fumure de guano humain, 200^k à l'hectare, ayant produit cinq pour un ; — novembre 1873, seigle du pays, avec fumure 100^k superphosphate de chaux à 12 degrés et 75^k guano du

Pérou, ayant produit 4 hectolitres 75 litres de grains du poids de 74^k 500 l'hectolitre et 110 bottes de 5^k de paille ; soit un rendement par hectare de 17 hectolitres 60 litres et demi de grains et 407 bottes de 5^k de paille.

Semence de 1874-1875 — seigle de la Loire, 27 litres pesant 20^k, avec fumure de 6 mètres cubes fumier de ferme, à 4 fr. le mètre cube, et 100^k superphosphate de chaux à 11° 67, à 11 fr. 67 les 100^k.

Rendement : 4 hectolitres 41 litres de grains du poids de 76^k 500 l'hectolitre et 96 bottes de 5^k de paille, soit un rendement à l'hectare de 16 hectolitres 33 litres de grains du poids de 76^k 500 l'hectolitre et 355 bottes de 5^k de paille.

DEUXIÈME EXPÉRIENCE

Champ n° 2. — Contenance : 27 ares

Récoltes antérieures : janvier 1872, défrichement ; — avril 1872, pommes de terre sans fumure, n'ayant presque rien produit ; — mai 1873, maïs en vert sans fumure, ayant produit un maigre fourrage ; — novembre 1873, seigle du Pays avec fumure de 80^k guano de Méjillonès et 20^k guano du Pérou, ayant produit 3 hectolitres 39 litres de grains du poids de 74^k 500 l'hectolitre et 66 bottes de 5^k de paille, soit un rendement à l'hectare de 12 hectolitres 55 litres de grains et 244 bottes de 5^k de paille.

Semence de 1874-1875 — seigle de la Loire, 27 litres pesant 20^k, avec fumure de 6 mètres cubes de fumier de ferme, à 4 fr. le mètre cube, et 100^k de superphosphate de chaux à 11° 67, à 11 fr. 67 les 100^k.

Rendement : 4 hectolitres 12 litres de grains du poids de 76^{k} 500 l'hectolitre et 99 bottes de 5^{k} de paille, soit un rendement à l'hectare de 16 hectolitres 25 litres et demi de grains du poids de 76^{k} 500 et 466 bottes de 5^{k} de paille.

TROISIÈME EXPÉRIENCE

Champ n° 3. — Contenance : 27 ares

Récoltes antérieures : janvier 1872, défrichement ; — mai 1872, pommes de terre sans fumure, n'ayant presque rien produit ; — mai 1873, maïs en vert sans fumure, ayant produit un fourrage maigre : — novembre 1873, seigle du Pays avec fumure de 200^{k} engrais A complet H Joulie, ayant produit 5 hectolitres 25 litres de grains du poids de 74^{k} l'hectolitre et 115 bottes de 5^{k} de paille, soit par hectare, 19 hectolitres 44 litres et demi de grains et 428 bottes de 5^{k} de paille.

Semence de 1874-1875 — seigle de la Loire, 27 litres, pesant 20^{k} avec fumure de 6 mètres cubes de fumier de ferme, à 4 fr. le mètre cube et 100^{k} de superphosphate de chaux à 11° 67, à 11 fr. 67 les 100^{k}.

Rendement : 4 hectolitres 27 litres de grains du poids de 76^{k} 500 l'hectolitre et 99 bottes de 5^{k} de paille, soit un rendement à l'hectare de 16 hectolitres 22 litres et demi de grains du poids de 76^{k} 500 l'hectolitre et 366 bottes de 5^{k} de paille.

QUATRIÈME EXPÉRIENCE

Champ n° 4. — Contenance : 73 ares 77 c.

Récoltes antérieures : 1872, défrichement ; — avril 1873,

pommes de terre avec fumure de guano humain, 10 hectolitres à l'hectare — rendement splendide ; — novembre 1873, seigle du Pays avec fumure de 160^k guano du Pérou et 200^k superphosphate de chaux à 12°, ayant produit 18 hectolitres 86 litres de grains du poids de 74^k 750 l'hectolitre et 721 bottes de 5^k de paille, soit un rendement à l'hectare de 25 hectolitres 86 litres de grains et 977 bottes de 5^k de paille.

Semence de 1874-1875 — seigle de la Loire 70 litres pesant 51^k 800, avec fumure de 20 mètres cubes de fumier de ferme à 4 fr. le mètre cube et 250^k superphosphate de chaux à 11° 67, à 11 fr. 67 les 100^k.

Rendement : 11 hectolitres 92 litres de grains du poids de 75^k 500 l'hectolitre et 405 bottes de 5^k de paille, soit un rendement à l'hectare de 16 hectolitres 17 litres et demi du poids de 75^k 500 et 549 bottes de 5^k de paille.

CINQUIÈME EXPÉRIENCE

Champ n° 5. — Contenance : 55 ares 50 c.

Récoltes antérieures : 1873, défrichement ; — mai 1874, pommes de terre avec fumure de 10 hectolitres guano humain à l'hectare, rendement abondant.

Semence de 1874-1875 — seigle du Pays, 50 litres pesant 37^k, avec fumure de 100^k guano du Pérou à 36 fr. 15 les 100^k et 150^k de superphosphate de chaux à 11° 67, à 11 fr. 67 les 100^k.

Rendement : 8 hectolitres 99 litres de grains du poids de 75^k l'hectolitre et 233 bottes de 5^k de paille, soit un rendement de 16 hectolitres 19 litres et demi à l'hectare, du poids de 75^k l'hectolitre et 420 bottes de 5^k de paille.

SIXIÈME EXPÉRIENCE

Champ n° 6. — Contenance : 12 ares

Récoltes antérieures : 1872, défrichement ; —juin 1873, choux vaches avec fumure de guano humain, un litre pour 10 pieds, végétation et récolte satisfaisantes ;— 1874, maïs, haricots en grains avec fumier de ferme, récolte abondante quoique ayant souffert de sécheresse.

Semence 1874-1875 — seigle du Pays, 10 litres pesant 7^k 400 avec fumure de 30^k de guano du Pérou, *dissous dans l'acide sulfurique* à 38 fr. les 100^k.

Rendement : 2 hectolitres 46 litres de grains du poids de 75^k 500 l'hectolitre et 54 bottes de 5^k de paille, soit un rendement à l'hectare de 20 hectolitres 50 litres de grains du poids de 75^k 500 l'hectolitre et 450 bottes de 5^k de paille.

SEPTIÈME EXPÉRIENCE

Champ n° 7. — Contenance 35 ares

Récoltes antérieures : 1873, défrichement; — mai 1874, pommes de terre avec guano humain ayant produit deux fois la semence seulement.

Semence de 1874-1875 — seigle du Pays, 30 litres pesant 22^k 200 avec fumure de 100^k superphosphate de chaux à 11° 67, à 11 fr. 67 les 100^k et 75^k de guano du Pérou, à 36 fr. 15 les 100^k.

Rendement : 5 hectolitres 93 litres de grains du poids de 75^k l'hectolitre et 110 bottes de 5^k de paille, soit un rendement à l'hectare de 17 hectolitres du poids de 75^k l'hectolitre et 314 bottes de 5^k de paille.

HUITIÈME EXPÉRIENCE

Champ n° 8. — Contenance 6 ares

Récoltes antérieures : 1873, défrichement ; — mai 1874, pommes de terre avec fumure de 10 hectolitres guano humain par hectare — rendement passable.

Semence de 1874-1875 — seigle du Pays, 6 litres pesant 4k 200 avec très-fortes fumures de 3 mètres cubes de fumier de ferme, additionné de superphosphate de chaux, au prix de 5 fr. le mètre cube.

Rendement : 94 litres de grains du poids de 74k 500 l'hectolitre et 25 bottes de 5k de paille, soit un rendement à l'hectare de 15 hectolitres 66 litres et demi de grains du poids de 74k 500 et 416 bottes de 5k de paille.

NEUVIÈME EXPÉRIENCE

Champ n° 9. — Contenance : 26 ares

Récoltes antérieures : 1873, défrichement ; — mai 1874, pommes de terre avec fumure de guano humain de 10 hectolitres à l'hectare — rendement satisfaisant.

Semence de 1874-1875 — seigle du Pays, 25 litres pesant 18k 500, avec fumure de 75k *guano dissous dans l'acide sulfurique* à 38 fr. les 100k.

Rendement : 5 hectolitres 21 litres de grains du poids de 75k 500 l'hectolitre et 114 bottes de 5k de paille, soit un rendement à l'hectare de 20 hectolitres 3 litres trois-quarts de grains du poids de 75k 500 et 448 bottes de 5k de paille.

DIZIÈME EXPÉRIENCE

Champ n° 10. — Contenance : 4 ares

Récoltes antérieures : 1873, défrichement ; — janviernovembre 1874, pas de récolte — Jachère labourée.

Semence de 1874-1875 — seigle du Pays, 5 litres pesant 3k 700 avec fumure de 1 mètre cube de fumier à 4 fr. l'un.

Rendement : 40 litres de grains du poids de 74k 500 l'hectolitre et 10 bottes de 5k de paille, soit un rendement à l'hectare de 10 hectolitres de grains du poids de 74k 500 et 250 bottes de 5k de paille.

ONZIÈME EXPÉRIENCE

Champ n° 11. — Contenance : 12 ares

Récoltes antérieures : 1873, défrichement ; — de janvier à novembre 1874, deux labours seulement, sans récolte aucune.

Semence de 1874-1875 — seigle du Pays, 16 litres pesant 11k 840 avec fumure de 30k de guano du Pérou, à 36 fr 15 les 100k.

Rendement : 1 hectolitre 94 litres de grains du poids de 74k l'hectolitre et 44 bottes de 5k de paille, soit un rendement à l'hectare de 16 hectolitres 16 litres et demi de grains du poids de 74k l'hectolitre et 366 bottes de 5k de paille.

DOUXIÈME EXPÉRIENCE

Champ n° 12. — Contenance : 9 ares 80 c.

Culture antérieure : Défrichements en 1872-1873, pommes de terres et choux, fumés avec fumier de guano de brebis ; rendement très-faible.

Semence de 1874-1875 — seigle du Pays, 8 litres pesant 5k 920 sans fumure aucune.

Rendement : 69 litres de seigle noir, maigre, ne pesant que 70k 200 l'hectolitre et 21 bottes de paille, soit un rendement à l'hectare de 6 hectolitres 90 litres de grains du poids de 70k 200 grammes et 210 bottes de 5k de paille.

Récapitulation des 12 expériences, dépenses de fumure et rendement ramenés à l'hectare.

NUMEROS des EXPÉRIENCES	COUT de la fumure A L'HECTARE	RENDEMENT à L'HECTARE
Expér. nº 1	132 f. 11 c.	16h 33l et 355 bottes de 5 kil. de paille
» 2	132 11	16h 25l et 466 » 5 »
» 3	132 11	16h 22l et 366 » 5 »
» 4	148 09	16h 17l 1/2 et 549 » 5 »
» 5	96 85	16h 19l 1/2 et 420 » 5 »
» 6	105 26	20h 50l et 450 » 5 »
» 7	110 77	17h » et 314 » 5 »
» 8	250 »	15h 66l 1/2 et 416 » 5 »
» 9	110 38	20h 03l 3/4 et 448 » 5 »
» 10	100 »	10h » et 250 » 5 »
» 11	90 33	16h 16l 1/2 et 336 » 5 »
» 12	» »	6h 90l et 210 » 5 »

Expérience spéciale d'engrais chimiques de la société anonyme H. Joulie.

La Société anonyme des engrais chimiques H. Joulie

a désiré que nous expérimentions sept de ses engrais qu'elle nomme " *analysateurs du sol.*" Nous avons fait cet essai avec les mêmes soins, la même attention, que pour nos autres expériences, sur huit ares de terre vierge défrichée exprès pour eux. Si le rendement de grains n'est pas à la hauteur des prix de ces engrais, cela ne dépend pas de nous.

Chaque numéro a eu un carré de terre d'une contenance d'un are et a reçu la même semence : un litre de seigle du pays, pesant 750 grammes.

					rendement			
Carré n°	1, 20^k	Engrais complet A intensif à	32^f	les °/$_o^k$..	12^l	soit	12^h	à l'hect.
»	2, 10^k	» » »	32^f	°/$_o^k$..	8^l	»	8^h	»
»	3, 10^k	Engrais G sans azote	16^f	°/$_o^k$..	6^l	»	6^h	»
»	4, 10^k	» » sans phosphate	12^f	°/$_o^k$..	8^l	»	8^h	»
»	5, 10^k	» E sans potasse	25^f	°/$_o^k$..	8^l	1/2	8^h 1/2	»
»	6, 10^k	» » sans chaux	18^f	°/$_o^k$..	8^l	1/4	8^h 1/4	»
»	7, 10^k	» » azote seul	20^f	°/$_o^k$..	3^l	1/2	8^h 1/2	»
»	8,	sans aucune fumure			3^l	»	3^h	»

Le poids et la qualité des grains obtenus sur les carrés n°s 1 et 2 sont bons : 75 k. l'hectolitre ; mais ceux des n°s 3, 4, 5 et 6 sont de très médiocre qualité et ne pèsent que 74 k. l'hectolitre ; et ceux obtenus sur le n° 7 ne diffèrent que pour un rendement de 1/2 litre en plus d'avec le n° 8, dont le rendement, le poids et la qualité sont des plus mauvais.

III

De nos douze expériences que nous venons de détailler, de faire connaître, il résulte que le guano du Pérou, *dissous dans l'acide sulfurique*, serait la fumure la plus économique et celle qui nous a donné le rendement le plus élevé ; que le guano du Pérou ordinaire mitigé de superphosphate de chaux vient après ; que le fumier de ferme additionné de superphosphate de chaux vient en troisième ligne ; que le fumier de ferme seul, même employé à forte dose de 50 mètres cubes par hectare, ne donne pas un rendement rémunérateur ; et que sans fumier on n'obtient qu'un rendement dérisoire.

Pour la deuxième fois nous fournissons la preuve de ce que nous avons toujours soutenu : il est indispensable de mélanger des guanos et des superphosphates de chaux aux fumiers si l'on veut obtenir des rendements rémunérateurs dans la culture de la terre des landes.

On ne pourra pas nous faire le reproche d'avoir exagéré la fumure pour les besoins de notre cause : excepté l'expérience n° 8, de fumier seul, que nous avons exagérée avec intention, la dépense a été sagement et économiquement combinée, afin que nos chiffres puissent servir de base à nos imitateurs. De plus, nous allons donner les détails de nos frais de culture pour que chacun puisse se convaincre que lorsque nous disons que la terre des landes peut donner du bénéfice avec du travail et de l'intelligence. nous sommes dans la vérité.

Frais de culture pour un hectare de seigle

Labours, hersage, transport des fumiers, semence, couverture, sarclage, coupe et mise en gerbes, 21 journées d'homme ou de femme au prix moyen de 2 fr. l'une. . . . . F.	42	»
Transport du fumier, labours, couverture, sarclage, port des gerbes, etc., etc., 12 journées de cheval à 2 fr. l'une.	24	»
Battage et éventage à 1 fr. l'hectolitre environ.	20	»
Assurance des années mauvaises 10 p. % sur un rendement moyen de 17 hectolitres à l'hectare, au prix moyen de 16 fr. l'hectolitre.	27	20
Loyer de la terre, 5 p. % sur 500 fr. valeur estimative du terrain	25	»
Assurance de la mortalité des chevaux, de frais d'entretien du matériel, outils aratoires, etc., etc., 5 p. % sur 500 fr.	25	»
F.	163	20
Moyenne du coût de la fumure.	120	»
Un hectolitre de seigle, semence.	16	»
TOTAL DES FRAIS.	299	20

Nous dépensons, comme on le voit, 299 fr. 20 c. pour récolter en moyenne 17 hectolitres de seigle et 400 bottes de paille environ. Nous vendons ces 17 hectolitres de seigle 16 fr. l'hectolitre, soit une somme de. . . . . F. 272 »
et nos 400 bottes de paille à 15 fr. le 100. . 60 »

Ce qui nous constitue une recette de. . F. 332 »
pour une dépense de 299 fr. 20 c., et qui nous donne par conséquent un bénéfice de 31 fr. 80 c. par hectare, plus l'intérêt, à 5 p. % l'an, de l'argent que nous a coûté la terre où nous ensemençons cette céréale.

En définitive, c'est un intérêt total de plus de *onze pour cent* du capital employé au défrichement des landes, sans préjudice de la plus-value qu'acquéreraient naturellement ces terres de landes si elles étaient mises en culture. Nous affirmons qu'aucuns des chiffres que nous donnons ne sont exagérés ; les agriculteurs experts le reconnaîtront et ceux qui douteraient encore de la possibilité de mettre la terre des landes en culture avec bénéfice peuvent venir se convaincre de leur erreur : par notre modeste troupeau de vaches laitières, par nos cultures industrielles, par nos seigles, on retire plus de bénéfice que nous ne le disons, et nous faisons vivre, bien vivre, une famille de 6 personnes.

La difficulté, nous le savons, ce sont les bras ; mais si chacun se fait un devoir de ramener à la charrue ceux qui sont inoccupés dans les villes ou qui émigrent à l'étranger, on vaincra cette difficulté et les buveurs de chopes seront mis dans l'impossibilité de faire du mal.

Capitalistes ! détournez quelques-unes de ces sommes que vous jetez au hasard dans cette grande corbeille nommée jeu de bourse ; faites-vous les protecteurs de l'agriculture et ramenez aux champs le plus de travailleurs possible par l'achat et la mise en culture de terres de landes ou par la création de compagnies de défrichement des landes. L'intérêt général vous le commande ; et de plus, vous trouverez là : bénéfices, honneur et des plaisirs moraux bien autrement agréables que ceux que peuvent vous faire éprouver la hausse ou la baisse des fonds publics.

Bordeaux. — Imp. administrative Ragot.

www.ingramcontent.com/pod-product-compliance
Ingram Content Group UK Ltd.
Pitfield, Milton Keynes, MK11 3LW, UK
UKHW020529180726
13839UKWH00005B/2406